ESSAI

SUR L'ART

DE FAIRE LE VIN ROUGE,

LE VIN BLANC ET LE CIDRE;

Avec des vuës pour la plantation de la Vigne en Normandie & dans quelques autres de nos Provinces septentrionales.

PAR M. MAUPIN.

Quai des Augustins.

M. DCC. LXVII.

Cet ouvrage est recommandé par M^r
Ducet membre de l'Institut père de
celui qui est aujourd'hui (1832)
inspecteur de la monnaie, comme un
objet de pratique propre à être mis
entre les mains de tout le monde dans
dans un rapport que l'on trouve dans
le bulletin Décadaire de la République
N°4, 1er décade de brumaire an 8.
Il parle de l'édition de 1772. et qu'il celle
et. voyez ensuite à la page 106.

PRÉFACE.

L'Art de préparer les boiffons naturelles, & fur-tout le
vin, eft encore fi incertain, &
cependant fi important en tous
pays à la confervation des
hommes, qu'on ne peut mieux
faire que de s'occuper du foin
d'en éclaircir & fixer les vrais
principes. C'eft le but que je
me propofe dans cet Effai.

Pour y parvenir avec ordre,
je commencerai par deux obfervations préliminaires ; l'une
fur les défauts du commun
de nos vins, & l'autre fur les
manieres de les faire, les plus

uſitées; enſuite de quoi, après avoir remarqué l'inſuffiſance & le préjudice de ces dernie-res, je propoſerai en partie, d'après mes expériences, deux Méthodes nouvelles, dont la ſeconde convient non-ſeulement au vin rouge, mais enco-re au vin blanc & au cidre. Tous ces objets, avec des vuës ſur l'introduction de la Vigne en Normandie & dans quel-ques autres de nos Provinces ſeptentrionales, ſeront la ma-tiere des quatre Chapitres qui compoſent cet Ecrit.

ESSAI

SUR L'ART

DE FAIRE LE VIN ROUGE;

LE VIN BLANC, ET LE CIDRE.

CHAPITRE PREMIER.

Défauts du commun de nos Vins.

SI on excepte nos Provinces les plus méridionales, un petit nombre de Vignobles, & quelques années affez rares, tous nos vins, faute d'une fuffifante maturité, ont dans leur primeur, & fouvent bien au-delà, le défaut d'être verds, & jamais moël-

A

leux : au contraire, épais ou non ; ils font maigres , ont peu de fub-ftance propre , & par conféquent ne font ni corfés , ni vineux. On ne peut pas dire non plus qu'ils ayent du feu ; ils ne donnent point à l'eftomac de chaleur fenfible ; fouvent même , fuivant les années & les cantons , ils font cruds, froids, lourds & indigeftes. Pour ce qu'on appelle faveur , parfum , bonne odeur, vertu balfamique, en un mot, tout ce qui annonce & conf-titue effentiellement un bon vin , un vin gracieux & vraiment bien-faifant , ce font des qualités ré-fervées à un petit nombre de vins choifis , mais dont les vins com-muns font entierement privés.

Tels font en général , indépen-damment des défauts particuliers attachés à certains Vignobles & à certains ufages , les vins deftinés à la confommation de la plus grande

partie de la Nation. Parmi nous, ce
u'on entend par bon vin, les vins
'une bonté abfolue, font fort rares,
nême aux meilleures tables : c'eſt
ine vérité reçue de tout le monde.

Il eſt pourtant vrai que dans les
années favorables , c'eſt-à-dire,
ans les années où la maturité
ſt parfaite & bonne , comme en
753 & 1762 , les vins dont il s'a-
it font beaucoup moins défec-
ueux ; mais s'ils font plus ſubſtan-
ieux & moins verds que dans les
nnées communes , il s'en faut
ien cependant qu'ils ayent les
utres qualités qu'on devroit en
ttendre : ils font généralement
eaucoup trop couverts & chargés,
aute d'une fuffifante fermenta-
ion , d'une huile groffière ; ce qui
es rend gros & lourds , fans fa-
eur , & difpofés , fuivant la ma-
iere dont ils ont été faits , à graif-
er ou à trancher , c'eſt-à-dire , à

noircir par la trop grande abon-
dance des parties colorantes &
leur défunion d'avec la liqueur.

A l'égard de nos grands vins &
de ceux de nos Vignobles les plus
méridionaux, j'en dirai un mot
dans le quatriéme Chapitre. Ainſi,
ſans m'y arrêter dans celui-ci, je
vais, dans le ſuivant, donner une
idée des manieres de faire le vin
les plus uſitées.

CHAPITRE II.

Des diverſes manieres de faire le Vin rouge.

A En juger par l'excellence &
la grande utilité du vin , par le
prix que tous les hommes y atta-
chent, par le goût & ſouvent
la paſſion qu'ils ont pour cette
iqueur , par l'uſage habituel &
fréquent qu'ils en font ; à en juger, dis-je par toutes ces conſidéra-
tions , la préparation du vin ne
doit plus depuis long-temps laiſſer
ien à deſirer pour ſa perfection ;
les défauts que nous venons de
emarquer dans la plus grande par-
ie de nos vins, ne peuvent être re-
ardés que comme les vices d'u-
ne nature ingrate & indomptable.
oilà ce qu'il eſt tout naturel de

A iij

croire , & cependant ce qui n'eſt pas. On pourra s'en convaincre par le compte que je vais rendre des diverſes façons de faire le vin.

Dans les Vignobles des environs de Paris, à meſure que la vendange arrive de la vigne, où elle a été écraſée peut-être au quart , on la décharge dans la cuve. Dès le premier jour, ou au plus tard dès le ſecond , lorſque la cuve eſt au quart ou au tiers , on fait un levain ou fond de cuve ; ou autrement dit , pour tremper la grape & prévenir par ce moyen le goût qu'elle pourroit donner au vin pendant la fermentation, qui précede le foulage , on entre dans la cuve, & on y foule ce qui s'y trouve de raiſins. On continue de mettre ſur la même vendange pendant trois ou quatre jours, quelquefois pendant ſix ou ſept ,

& plus ; enfuite de quoi , quand le vin a bien bouilli , & que la cuve eft bien échauffée, on foule, bien ou mal , toute la vendange, que l'on porte au preffoir au bout de douze ou vingt-quatre heures de foulage, plus ou moins.

Dans cet intervalle , & même auparavant, on rabat la cuve à plufieurs reprifes ; c'eft - à - dire, qu'on ouvre & retourne à diverfes fois le marc , qui par-là fe trouve expofé fucceffivement à l'air dont d'ailleurs on ne prend aucun foin de le garantir , l'ufage étant de ne point couvrir les cuves. Cet ufage , fans doute, eft un abus , & très-grand ; mais , comme on a pû voir, il s'en faut bien qu'il ne foit le feul. On peut en remarquer fur-tout deux principaux.

Le premier confifte en ce que la cuve n'étant point couverte, d'un côté,les parties les plus effentielles du vin, l'air surabondant, le feu & les esprits s'en échappent continuellement ; & de l'autre, l'air ambiant ou externe frappant & pénétrant sans cesse dans la liqueur, la refroidit, & ralentit la fermentation toujours si nécessaire, & quelquefois si difficile, singulierement dans les années tardives.

2°. Une partie considérable de la vendange ayant presqu'entierement fait son effet lorsqu'on foule, lorsqu'on acheve l'écrasement total des raisins, il en résulte que la fermentation se faisant à deux fois, en est béaucoup moins forte ; ce qui n'arriveroit pas si on fouloit tout en même tems, ou du moins, qu'au lieu d'entrer plusieurs fois dans la cuve avant le parfait foulage, on se bornât à ce qu'on écrase de vendange pour le transport de la vigne au cellier : on évite-

roit encore par - là les inconvéniens peut-être encore plus grands,
qu'entraîne le foulage même dans
les circonftances où on le fait : le
marc & le moût agités , foulevés
& expofés alternativement à l'air
dans toutes leurs parties , un ou
plufieurs hommes qui fe baignent
pendant une heure & plus dans
un liquide déjà en feu, & fouvent
au plus haut point de fon ébullition, on conçoit que tout cela doit
dépouiller la liqueur de fes parties fpiritueufes, & par conféquent
ne peut qu'être très - contraire à
la qualité du vin & à la fermentation : c'eft ce que j'ai toujours
éprouvé, & fingulierement en 1763.

Dans cette année tardive & re-
marquable par la verdeur des raifins , ma cuve , quoique couverte
d'une maniere imparfaite , étoit
brûlante & bouilloit avec emportement lorfque je la fis fouler ;

mais l'opération n'étoit point encore achevée, que déjà la chaleur & l'ébullition étoient considérablement diminuées: en vain j'appliquai tous mes soins pour les rétablir; la Nature avoit été troublée dans le fort de son travail; elles furent toujours en s'affoiblissant; & mon vin, qui auroit pû être bon, fut verd, sans couleur & sans qualité.

Tels sont les défauts essentiels de la maniere dont on fait le vin, non-seulement aux environs de Paris, mais encore, à quelques circonstances près, peut-être dans la Champagne, ou plutôt dans la plus grande partie des Vignobles du Royaume.

Quant à ceux où les usages sont différens dans quelques-uns, comme dans le Pays Laonnois & dans le Berry, on foule plus ou moins, & chacun à fa maniere, les raifins à mefure qu'on les apporte de la vigne, & enfuite on les jette, égrapés ou non, dans la cuve où on les laiffe, fçavoir, dans le Pays Laonnois, comme aux environs de Paris, & dans le Berry, huit & quinze jours, & fouvent au-delà.

Dans les autres, ou au moins dans une partie de la Franche-Comté, quand la vendange commence à bouillir, on a foin de la fouler avec les pieds jufqu'à ce qu'on s'apperçoive qu'elle fe refroidit, après quoi on la bat deffus, jufqu'à ce que le vin foit fait; le vin, couvert de fon marc, refte dans la cuve pendant un mois ou fix femaines, au bout duquel tems, quand il eft bien clair, on le tire. C'eft-à-dire, que dans la Franche - Comté on fait le vin exactement de la même maniere dont on s'y prendroit ailleurs pour empêcher qu'il ne se fît. Dans tous les autres Vignobles, le vin est, à peu de chose près, le seul ouvrage de la Nature : en Franche-Comté il est le pur ouvrage de l'Art : mais quel Art !

A l'égard des usages du Pays Laonnois, du Berry & autres Vignobles, ces usages sont défectueux.

1°. En ce que le foulage, quoique beaucoup plus parfait dans certains cantons que dans d'autres où on y apporte très-peu de soin, est toujours insuffisant : une partie des raisins, & sur-tout les moins mûrs, c'est à-dire, ceux qui sont les plus difficiles à écraser, & qui cependant, pour fermenter, auroient le plus besoin de l'être, échappent dans l'opération du foulage, & restent dans leur entier : d'où il arrive, par les raisons qu'on peut voir dans le Chapitre suivant, que le vin en a moins de qualité, & que dans beaucoup d'années il eſt très-verd.

2°. L'ébullition du moût ſe faiſant à meſure qu'il eſt exprimé, & le foulage des raiſins à l'arrivée de la vigne durant ſouvent pendant quatre & cinq jours de ſuite, & même plus, il s'enſuit qu'une portion du moût qui ſe trouve dans la cuve au bout de ce tems, ayant déjà perdu une partie de ſon air & de ſes eſprits, l'ébullition & la fermentation de la totalité doivent être beaucoup moins fortes : c'eſt ce que j'ai éprouvé cette année, du moins quant à l'ébullition, d'une maniere bien ſenſible.

Ma vendange ayant été bien égrapée & parfaitement foulée à meſure qu'elle arrivoit au cellier, la cuve qui la contenoit fut couverte le deuxiéme jour au ſoir, tout auſſi-tôt qu'on eût ceſſé de jetter dedans. Le marc étoit à neuf pouces du fond de dessus , & ne s'est point élevé depuis , tandis que dans le même cellier , une petite quantité de vendange qui ne faisoit par la douzième partie de celle de la cuve , mais qui avoit été égrapée & foulée & couverte en moins d'une heure, s'étoit élevée au bout de douze heures de près de six pouces. C'est une expérience sur l'exactitude de laquelle on peut compter.

Il en résulte bien clairement que la vendange de la cuve, lorsqu'on l'a couverte, avoit déjà fait, par rapport à l'ébullition , sinon tout son effet, du moins la plus grande partie ; ce qui ne seroit sûrement pas arrivé, si ce que j'ai avancé étoit moins vrai, que l'ébullition du moût se fait à mesure qu'il est exprimé. Cette vérité est prouvée d'une maniere , ce sem-

ble, encore plus fimple & plus
directe par une de mes expériences en 1765.

Ayant choifi un quarteau bien
conditionné, je le fis emplir, à
un feau près, de moût tiré de
raifins qui venoient d'être écrafés
à l'inftant. Je le bondonnai légerement. Au bout de fix heures, ce
moût, qui s'étoit déjà fait jour
par quelques jointures des douves,
s'élançoit en fiflant & menaçoit les
fonds. Je voulus lever le bondon ;
mais il le fit fauter, & jaillit très-
haut ; il s'en perdit un feau.

3°. Outre les abus fur lefquels
j'ai particulierement infifté, il y a,
& c'eft à la vérité par-tout, il y a,
dis-je, dans les procédés de détail
de tout ce qui appartient & entre
dans la façon du vin, une foule
d'inconféquences & de contre-tems
dont réfultent les inconvéniens
les plus préjudiciables à fa perfec-

tion : c'eſt ce qu'il me ſeroit facile
de démontrer ; mais je me borne
aux remarques que j'ai déjà faites,
& à obſerver que dans tous les Vignobles du Royaume , les divers
uſages de faire le vin ſe rappor-
tent, à quelques circonſtances près,
à ceux que je viens de diſcuter, &
ſe reſſemblent tous en un point,
qui eſt de ne point couvrir la vendange. C'en eſt plus qu'il ne faut
pour prouver que tous ces uſages,
loin de pouvoir corriger ou tem-
pérer les défauts de nos vins ,
doivent au contraire être regardés
comme en étant la cauſe principale
& ſouvent la ſeule. On peut concevoir par-là combien toutes ces
pratiques ſont nuiſibles , & de
quelle conféquence il eſt à tous
égards d'en introduire de meilleures : c'eſt l'objet que je me propoſe dans les deux méthodes que
je vais préſenter dans les deux
Chapitres

Chapitres fuivans. La derniere de
ces méthodes eft fûrement la plus
parfaite ; mais peut-être trouvera-
t-on la premiere plus pratiquable.

CHAPITRE III.

Premiere Méthode de façonner le Vin rouge.

PAr les rapports fous lefquels je me fuis borné à montrer l'infuffi-fance & les abus des pratiques que je viens d'examiner, par les rai-fons que j'ai données de ces abus, il eft aifé de prévoir mes princi-pes fur la maniere de faire le vin, & de juger que j'en fais dépendre la perfection du haut degré de la fermentation & de la confervation des parties fpiritueufes, & en outre de l'air interne furabondant.

Que la fermentation foit nécef-faire & effentielle à la façon du vin, ou plutôt que ce foit elle feule qui faffe le vin, c'eft ce qui ne peut faire l'objet d'une quef-

tion. La difficulté eſt de ſçavoir
quel eſt le degré le plus favorable de cette fermentation ; mais
pour éclaircir ce point , auſſi important qu'il eſt peu connu, il faut
d'abord commencer par s'enten-
dre , & on ne le peut que par la
définition exacte & préciſe de la
choſe même. Je dis donc que la
fermentation dans le cas préſent,
eſt l'action par laquelle la Nature
travaille à déſunir les principes du
moût pour les réunir enſuite dans
une nouvelle proportion. Or cette déſunion & cette réunion dont
réſulte le nouveau mixte, c'eſt-à-
dire le vin , je le demande, quels
inconvéniens la raiſon & même
l'imagination peuvent-elles faire
appercevoir dans leur perfection ,
ou , pour mieux dire , quels avantages l'une & l'autre ne doivent-
elles pas en faire attendre ? Si la
déſunion des principes eſt néceſ-

faire pour leur nouvelle réunion,
n'est-il pas naturel de croire que
plus celle-là sera parfaite & plus
celle-ci le sera aussi, & par suite
le mixte qui en est le résultat ?
N'est-il pas plus que probable que
plus les principes du moût seront
désunis, & plus la partie huileuse
& les autres substances, terrestres
ou non, seront dégagées, atténuées
& exaltées, & qu'ainsi le vin en
sera plus substancieux, puisqu'au
moyen de la parfaite atténuation,
il restera dans la liqueur beaucoup
de parties, qui, sans cela, se seroient
précipitées dans la dépuration ; &
plus spiritueux, plus chaud, plus
fort & moins verd, puisqu'à la
faveur du développement, de la
raréfaction & des autres effets ci-
dessus, il aura plus d'esprits &
retiendra plus de soufre & plus de
sels, lesquels seront d'autant moins
piquans en cas de verdeur, qu'il y

aura plus d'huile pour les enve-
loppei. Mais quittons le raisonne-
ment, & venons en aux preuves
que l'expérience, plus sûre que
tous les raisonnemens, nous four-
nit en faveur de la plus forte fermentation ; on cessera de la redouter, & on sera convaincu de tous
ses avantages.

En effet, les années où la maturité est la plus parfaite & où le
tems des vendanges est le plus
chaud & le plus favorable, sont
celles où la fermentation est la plus
agissante & la plus fougueuse : ce-
endant ces années sont celles qui
donnent les meilleurs vins. Preu-
e donc au moins que la fermentation, pour être violente, n'est
oint en soi nuisible à la qualité
u vin.

Dans les années communes, &
encore plus dans celles qui sont
ardives & froides, c'est un fait

que les cuvées qui ont le plus fer-
mentées se distinguent des autres
par la supériorité de leurs vins.

Ainsi non-seulement la grande
fermentation n'est point nuisible,
mais encore elle est la plus avan-
tageuse. C'est une vérité dont on
ne s'éloigne jamais impunément
dans la pratique. J'en ai fait l'é-
preuve trop de fois pour pouvoir
en douter.

En 1761, 1763, 1764 & 1765,
dans toutes ces années, mon vin,
pour n'avoir pas suffisamment fermenté, pour n'avoir pas même
fermenté autant que les vins du
lieu, leur fut généralement infé-
rieur en couleur, en qualité, & fut
encore moins substancieux & plus
verd. Au contraire, en 1766, pour
avoir favorisé & forcé la fermentation par tous les moyens que
j'avois imaginés alors, mon vin,
par cette raison, se trouve supérieur à tous ces mêmes vins.

Je puis ajouter encore que dans cette même année 1766, voulant connoître, du moins à peu près, jufqu'à quel point la fermentation la plus étendue peut corriger la verdeur du fuc des raifins, je fis fucceffivement trois petites expériences, dont le réfultat fut encore, comme on pourra le voir à la fin du dernier Chapitre, en faveur de la fermentation la plus complette.

Toutes ces expériences, par la différence du fuccès qu'elles ont eu, conftatent d'une maniere frappante la vérité de ce que je viens d'avancer fur la fermentation, & elles doivent avoir d'autant plus le poids, qu'elles s'accordent entierement & dans tous les points avec l'expérience générale : ainfi les avantages de la plus grande fermentation font établis, non (& 'eft ce que je prie de remarquer)

fur de fimples conjectures, fouvent
déduites avec plus d'art que de fo-
lidité, mais fur des faits pofitifs,
directs & inconteftables : or, à de
pareils faits il n'y a rien à oppo-
fer.

Ce n'eft pas toutefois que par la
diftinction que je viens de faire,
j'entende refufer aux probabilités
le jufte degré de confiance qui leur
eft due ; je ne les confonds point
avec les preuves abfolues ; mais
d'ailleurs j'en méconnois fi peu
l'autorité,qu'à défaut d'expériences
au moins perfonnelles, je vais en
faire ufage pour expliquer la caufe
qui fait graiffer nos vins.Les uns la
placent dans la trop grande maturité des raifins ; les autres, dans
l'excès du fumier ; & tout cela eft
vrai jufqu'à un certain point. Cependant en 1765, année commune
pour la maturité, mes vignes, qui
ne font point fumées, m'ont donné

né un vin qui a graiffé de même que la plus grande partie des vins du lieu. En 1764, mon vin avoit encore pareillement tourné au gras. Il y a donc une caufe autre que celles qu'on en donne; & cette caufe, qui, àbien dire, eft la feule naturelle, eft l'infuffifance de la fermentation, trop foible pour diffoudre l'huile la plus groffiere, l'atténuer & la combiner avec les autres fubftances : mais pour le préfent c'eft affez avoir prouvé les propriétés de la parfaite fermentation; traitons maintenant de la confervation des parties fpiritueufes.

Pour peu qu'on fe rappelle les défauts que j'ai remarqués dans nos vins, on doit concevoir combien il eft important pour leur qualité d'augmenter leur feu & leurs efprits, & par conféquent de les leur conferver; mais ce qui n'eft pas

moins néceffaire, c'eft de retenir,
autant qu'il eft poffible, dans le
moût, tout l'air qu'il contient :
on y trouve deux avantages : 1°.
La fermentation en eft plus forte,
puifque l'air interne en eft le premier agent. J'ai toujours vu que
le moût commence à bouillir &
quelquefois avec emportement,
qu'il eft encore froid, & fouvent
très-froid. L'air furabondant eft fi
néceffaire à la fementation, que
fans lui il n'y en a point, ou il y en a
bien moins. L'expérience que j'ai
rapportée à la pag. 15 en eft la preuve ; en vain je remis dans le quarteau la même quantité de vin qui
s'en étoit échappé ; en vain je le
bouchai à ferme, & échauffai l'air
extérieur jufques au 80 & même
88 degré au Thermomètre de Fah-
reinheit, l'ébullition ne reprit point,
& le vin ne fut pas plus chaud
qu'auparavant, c'eft-à-dire qu'il

ne le fut point, & au contraire.

2°. Si, d'après M. Hales (*a*), on doit regarder l'air interne furabondant comme l'efprit vital du vin, il eft aifé de juger de quelle importance il eft de le conferver, & par conféquent, combien les pratiques ordinaires font préjudiciables à la qualité du vin.

Que cet air furabondant, par un effet qu'on ne peut guères attribuer qu'à fon reffort & au furcroît d'activité qu'il imprime, en fe débandant, aux parties les plus effentielles du vin; que cet air, dis-je, donne au vin fa force, fa faveur & le rende plus vigoureux, c'eft ce qui ne peut plus faire la matiere d'une queftion, depuis les obfervations & les expériences qui en ont été faites & répétées par plufieurs Sçavans, foit fur les eaux mi-

_____

(*a*) Statique des Végétaux, pag. 178.

nérales spiritueuses, soit sur le vin
même : ainsi, sans m'arrêter davantage sur cet objet, je vais, conformément aux principes que je viens
d'établir, propofer la premiere de
mes deux méthodes pour faire le
vin.

1°. Pour faciliter le tranfport
de la vendange & éviter à frais,
on pourra, comme c'eft affez l'u-
fage, l'écrafer à peu près au quart,
foit dans des bachoux ou ba-
rillets, foit encore plutôt, lorfque
cela fe pourra, dans des futailles,
qu'il fera toujours avantageux de
couvrir : moins on écrafera la vendange, & mieux vaudra.

2°. A mefure que la vendange
arrivera au cellier, on l'égrapera
très-groffierement dans des cribles
faits de gros brins d'ofier, dans la
forme de ceux dont fe fervent les
Maçons; ces cribles feront pofés
& arrêtés fur une futaille; un hom-

me dans fa journée, j'en ai fait
l'expérience, peut égraper de la
vendange pour faire 5 à 6 muids
de vin de 300 bouteilles chacun.
Cette opération, toujours avan-
tageufe, eft fingulierement néceffaire dans cette méthode, à caufe
de l'excès de la fermentation ; autrement, il eft indubitable qu'en
mettant toute la grape, le vin en
feroit très-groffier & très-dur. La
vendange égrapée de cette maniere, fe preffure auffi parfaitement que fi toute la grape y étoit.
Ce fait eft certain, j'en ai encore
fait l'expérience cette année, quoique mes raifins fuffent bien plus
rigoureufement égrapés que je ne
le confeille.

3°. Auffi-tôt que la futaille fur
laquelle on égrapera fera pleine,
on jettera la vendange dans la cuve, ainfi que cela fe pratique généralement ; cet ufage eft de beau-

coup préférable à celui où l'on est,
dans très - peu de cantons à la vérité, de mettre la vendange dans
des tonneaux. De cette derniere
maniere la fermentation est incomparablement moins forte que dans
la premiere où la vendange est en
bien plus grande quantité : cela
s'accorde tellement avec les no-
tions naturelles & même avec l'expérience générale, que je crois de-
voir me dispenser de rapporter
l'expérience particuliere que j'en
ai faite en 1764.

4°. Quand la cuve sera pleine à
4 ou 5 pouces près, ou qu'on aura entierement cessé d'y mettre,
on la couvrira légerement avec le
dessus de bois dont je parlerai ci-
après, seulement pour empêcher
la libre communication de l'air
extérieur, & gêner la sortie de
l'air interne. On posera ce dessus
sur trois bâtons, tringles ou tra-
verses de bois d'un pouce & demi

ou deux pouces d'épaisseur, fixés à distance égale sur les rebords de la cuve. Il seroit, sans doute, bien plus avantageux de la fermer entierement ; mais comme je ne propose de procédés que ceux dont je suis parfaitement sûr , ou dont j'ai moi-même éprouvé l'effet, & que celui-ci n'est point du nombre , je n'ose le conseiller dans le cas où la cuve seroit pleine, dans la crainte que le marc ou le moût soulevés par la fermentation, ne s'échappassent par les bords de la cuve lorsqu'on la découvrira pour la fouler. Toutefois il est probable qu'on préviendroit cet inconvénient, si, au lieu de 4 ou 5 pouces, on en laissoit 7 ou 9, comme je l'ai indiqué par la Réduction Economique (*a*).

[*a*] Cet Ouvrage, dont, par la faute de l'Imprimeur, l'édition a été rétardée de plus de 4 mois, se vend chez Musser fils.

5°. Dès que la cuve sera assez échauffée pour pouvoir y entrer sans danger, on la fera fouler par un ou plusieurs hommes, suivant la quantité de la vendange ; mais plutôt par plus que moins, afin qu'étant foulée en moins de tems, elle perde moins de son air & de ses esprits. C'est dans cette vue qu'il faut avancer le moment du foulage autant qu'il est possible. Ce foulage se fera de maniere qu'il ne reste pas, pour ainsi dire, un seul grain de raisin entier (*a*). Cette

(*a*) Il faut excepter de cette regle les Vignobles qui sont dans l'usage de faire du demi-vin, c'est-à-dire, dans lesquels, après avoir tiré ce qu'ils appellent la pure goutte, on verse plus ou moins d'eau sur le marc qui reste dans la cuve, pour en faire le demi-vin dont je viens de parler. Dans ces Vignobles on pourra se contenter, comme par le passé, d'un foulage imparfait, à la différence qu'on le fera dans la cuve & dans le tems que je viens d'indiquer. Le vin en ce cas sera même meilleur que si le foulage de la vendange étoit complet, vû qu'il y en aura beaucoup moins de raisins verds écrafés. Après le tirage du premier vin, on foulera le marc de nouveau.

opération, qu'on ne fait le plus souvent qu'ébaucher, faute d'en bien comprendre le but, ainſi que de tant d'autres, eſt ſi eſſentielle & d'une telle importance, qu'on peut dire que de ſa perfection dépend celle du vin.

En effet, ſi les raiſins ne ſont pas bien écraſés, s'ils ne le ſont pas tous, ſi, comme cela arrive ſi ſouvent, une partie des ſubſtances & des plus groſſieres reſtent encore attachées à la pellicule intérieure du grain, comment, principalement quand la vendange, faute de maturité, eſt encore dure & preſqu'en verjus; quand, faute d'être développé, le ſuc de chaque grain eſt, pour ainſi dire, encore brut & fait en quelque ſorte maſſe à part; comment, dis-je, dans tous ces cas, les principes de ces ſucs pourront-ils être ſuffiſamment déſunis & raréſiés? Comment la liqueur renfermée dans les grains qui ne sont brisés que par le pressoir, pourra-t-elle après la fermentation s'éxalter, se perfectionner, s'attacher & se combiner avec le vin dans lequel elle se trouve ? C'est assurément ce qu'il n'est pas possible d'imaginer : aussi, à l'exception des années les plus distinguées par la maturité, est-ce une chose ordinaire dans nos Vignobles, sur-tout lorsqu'il y a peu de fermentation, de voir des vins faits au sortir de la cuve, devenir doux au pressurage & verds ensuite. Nos Vignerons mêmes n'en ignorent pas la cause ; mais comme, ainsi que beaucoup d'autres, ils voyent presque toujours mal le peu qu'ils voyent, ils négligent d'en prévenir l'effet.

A la suite du foulage, si le tems est froid & la vendange verte ou peu mûre, on pourra, pour échauffer la cuve & ranimer la fermentation, jetter dans le marc quatre, cinq ou six fortes chaudronnées de raisins, toute bouillantes, plus ou moins, suivant les circonstances : c'est un usage assez commun dans nos Vignobles, & dont on se trouve toujours bien. Toutefois il seroit peut-être encore plus avantageux de ne verser ces chaudronnées que lorsque la cuve sera couverte & dans le moment même.

6°. Tout aussi-tôt que le foulage sera achevé, on couvrira la cuve avec un dessus ou fond, fait, pour le mieux, de bois de chêne, dont les planches de six lignes d'épaisseur feront assemblées à joints quarrés & clefs dedans, ou pour le plus sûr, à languettes. On l'entrera dans la cuve de l'épaisseur de ces six lignes, & on le posera sur des tasseaux forts & bien solides. On

pratiquera au milieu une ouverture ou trappe de huit ou neuf
pouces quarrés, que l'on ferme-
ra & arrêtera bien : on s'en fervi-
ra, foit comme je viens de le dire,
pour verfer les chaudronnées, foit
pour voir, fi l'on veut, l'état de la
cuve : mais pour quelques raifons
qu'on en faffe ufage, on ne doit
lever la trappe qu'avec beaucoup
de précaution, c'eft - à - dire, en
tournant, comme je l'ai fait moi-
même, le vifage du côté oppofé;
fans quoi, lorfque le vin ou le
marc ne touchent pas immédiatement au fond de deffus, la vapeur
eft fi violente, qu'il iroit de la vie.

A l'égard du fond, en prenant
les précautions convenables, fuivant la qualité du bois, pour pouvoir le retirer, quand il en fera
temps, on aura foin qu'il ferme
bien. On pourra le fixer avec
quelques crochets ou autrement;

pour peu qu'il le foit, il le fera
fuffifamment, d'autant que, foit
que la cuve foit pleine autant que
je l'ai indiqué, foit qu'elle le foit
moins, il n'y a point à craindre
que le vin faffe aucune violence
confidérable au fond. Dans ces
deux cas, ce n'eft point le fond,
c'eft le marc feul qui reçoit les
chocs du liquide agité.

Dans le premier cas, ce liquide fe fait jour à travers le marc;
mais il eft tellement affoibli dans
fon paffage par la molle réfiftance
qu'il éprouve, qu'il ne lui refte
plus de force lorfqu'il arrive au-
deffus du marc, qu'il couvre d'un
ou plufieurs pouces, fuivant que
la preffion eft plus ou moins forte.

Au moyen de ce que le clair
furmonte ainfi le marc, la cuve
n'exhale aucun fumet, & pas plus
d'efprits que s'il n'y en avoit point.
J'ai éprouvé tous cela, fur-tout

dans la derniere de mes trois petites expériences, & encore dans une
autre que j'ai faite fur des raifins
blancs, & que j'ai rapportée à la
pag. 14

Dans le fecond cas, il ne s'éleve
au-deffus du marc que la vapeur
du vin; mais cette vapeur, en
quelque quantité qu'elle foit, n'a
point affez d'activité par elle-mê-
me pour forcer le fond, qui la
retient : c'eft ce que j'ai encore
éprouvé cette année. Ainfi il n'y
a, comme on voit, aucun danger
à fermer la cuve, & au contraire
il en réfulte un bien, puifque,
indépendamment du refte, la fermentation en eft plus forte, & que
cette fermentation, indifpenfable
à tant d'égards, l'eft encore,
ainfi que l'expérience le prouve,
pour que le vin puiffe fe charger
du mucilage néceffaire pour lier
fes principes. On fe donnera donc

bien de garde de la troubler en découvrant la cuve, soit pour arrofer & humecter le marc, soit pour le rabattre avec des pilettes, ou autrement: au moyen de ce qu'il eſt couvert, ces opérations de l'uſage ordinaire feroient d'autant plus déplacées ici, qu'elles font abſolument inutiles, le marc étant toujours humide, lors même qu'il n'eſt point ſurmonté du clair. Mais ce n'eſt pas ſeulement depuis, mais encore avant le foulage, qu'on doit s'abſtenir entierement d'entrer dans la cuve & de toucher à la vendange : égraper groſſierement les raiſins, les jetter dans la cuve fans les écrafer aucunement, les fouler comme je l'ai marqué, verfer les chaudronnées dans le cas où elles feroient néceffaires, couvrir parfaitement la cuve; voilà exactement tout le travail qu'exige la façon du vin jusqu'au moment où on le tire. Tout ce qu'on feroit au-delà ne pourroit qu'être préjudiciable.

7°. Quand le vin sera fait & ferme au point où on le desire, on le tirera pour l'entonner, ou plutôt, quoique par circonstance je ne l'aye pas fait moi - même pour mon vin de cuvée, on le laissera dans la cuve sans la découvrir jusqu'à ce qu'il soit froid ; on peut être assuré qu'il ne tardera pas à se refroidir de lui-même : j'ai pour garants de ce que j'avance les deux dernieres de mes trois petites expériences, & celle sur le raisin blanc : dans cette derniere, le vin qui étoit chaud & bouilloit encore à six heures du soir, s'est trouvé parfaitement froid le lendemain à cinq heures du matin. Quand la Nature a fini son premier travail, elle fait une pause & ne passe point sans interruption de la premiere à la seconde fermentation.

D'ailleurs, pour accélérer le refroidissement du vin, on peut en tirer par la canelle une douzaine de seaux, plus ou moins, suivant la force de la cuvée ; & quand ils seront froids, on les versera dans la cuve par la trappe ; mais d'une maniere ou d'une autre, il est toujours très-important, dans ma Méthode sur-tout, de prendre le vin à froid ; on évite par-là qu'il ne se décharge d'une partie de son air surabondant, comme il est arrivé au mien cette année. Au bout de douze heures qu'il avoit été tiré, il bouilloit encore ; néanmoins comme il étoit fait & clair, il n'a presque point jetté. Ce n'étoit point la fermentation qui s'achevoit, ainsi que cela se voit souvent, c'étoit l'air surabondant qui cessant d'être aussi comprimé

D

qu'auparavant, faifoit effort pour s'échapper, & foulevoit avec bruit la liqueur encore un peu agitée par un refte de chaleur.

Quoi qu'il en foit, quand le vin fera froid on le tirera dans des tonneaux, cuves ou foudres, felon l'ufage des lieux. Plus les vaiffeaux feront grands, & mieux le vin fe confervera. Tout auffi-tôt que cette opération fera faite, on portera le marc au preffoir. Le vin de preffurage, à l'exception de celui des trois premieres tailles, fera mis à part, à moins qu'on ne veuille faire, comme c'eft la pratique la plus générale, qu'une même forte de vin, un vin parfaitement égal : mais celui des dernieres tailles étant plus groffier, il eft à croire qu'il diminuera un peu de la qualité de l'autre.

8°. A mefure, ou du moins dans

le jour même que le vin fera entonné, on bouchera , comme je
l'ai fait , les tonneaux, qui d'ailleurs feront emplis jufqu'à l'ouverture , avec des feuilles de vigne couvertes de tuileaux. On
garantira le vin de l'air extérieur;
mais il eſt néceſſaire qu'il ſoit tenu
fraîchement dans tous les tems,&
principalement jufqu'à ce qu'il ſoit
bien dépuré. Au bout de fix ou
huit jours, & quelquefois moins,
on bondonnera les tonneaux à demeure : on aura grande attention
de remplir le vin auſſi ſouvent
qu'il en fera beſoin , c'eſt-à-dire
deux fois par jour tout au moins,
jufqu'à ce qu'il ſoit bondonné, &
enfuite tous les huit jours jufqu'à
la Saint-Martin : depuis la Saint-
Martin jufqu'en Janvier ou Février , tous les quinze jours ; &
après ce temps, tous les mois au
plus tard. On le tirera de deſſus

D ij

fa lie pour le mieux au mois de Décembre, & pour la seconde fois dans le courant de Mars.

Avec ces dernieres attentions, aussi naturelles qu'elles sont peu communes, on assurera à nos vins le degré de qualité qu'ils auront acquis par la nouvelle Méthode que je viens de proposer pour les faire. Cette Méthode, sans doute, ne les rendra pas si parfaits qu'ils ne laissent rien à desirer ; mais ils en auront moins de défauts, & plus de qualités.

Il est vrai que dans cette Méthode encore plus que dans toute autre, le vin sera surchargé d'une très-grande quantité de particules colorantes, d'où il semble qu'il doit être plus grossier & plus lourd : mais outre que dans le Royaume il y a beaucoup de Vignobles qui, raison ou non, s'accommoderoient fort que leurs

vins fuſſent plus couverts , c'eſt
que d'un côté pour ſauver ce défaut à nos vins , il ne feroit rien
moins que raiſonnable de les con-
damner aux autres défauts beaucoup plus grands qu'on évite ; &
que de l'autre, au moyen de la
parfaite atténuation des ſubſtances & de la conſervation des
parties ſpiritueuſes,& notamment
de l'air ſurabondant , les vins,quoi-
que très-chargés en couleur, ſeront encore plus délicats , plus
légers & plus coulants qu'ils ne le
ſont dans aucune des diverſes manieres de les faire. Mon vin en eſt
la preuve : ainſi , relativement au
défaut même dont il s'agit ici, &
qui ſûrement n'exiſtera nulle part
dans des années tardives , la pratique que je propoſe eſt encore
préférable à toutes les autres.

Mais comme il n'y a rien de ſi
bon qui ſouvent ne puiſſe être

mieux, & que, quelque parfaite que soit la fermentation dans la Méthode que je viens d'indiquer, elle le sera encore plus dans la seconde que j'ai annoncée, je vais, dans le Chapitre suivant, présenter cette derniere, avec mes vues pour l'introduction de la vigne dans les Provinces où elle ne se cultive pas.

CHAPITRE IV.

Autre Méthode pour faire le Vin rouge, & en outre le Vin blanc & le Cidre ; avec des vûes pour la plantation de la Vigne dans les Provinces où elle ne se cultive pas.

LES principes que j'ai établis dans le Chapitre précédent sur le foulage & la fermentation, étant plus que suffisans avec les expériences dont je les ai appuyés, pour démontrer l'importance de ces deux objets, sans les reprendre e nouveau, je vais exposer le plan ue je crois le plus favorable à leur erfection.

1°. Le transport dela vendange u cellier se fera ainsi que dans le remiere méthode & par la même raison. Dans celle-ci non plus que dans l'autre, je n'entrerai dans aucun détail sur ce qui regarde la façon des vendanges ; mon dessein n'est point de rien apprendre à cet égard ; tout le monde sçait que le choix des raisins, leur plus grande maturité (*a*), le tems favorable pour les cueillir, que tout cela contribue beaucoup à la perfection du vin.

2°. A mesure que la vendange arrivera au cellier, on la déchargera dans la cuve sans l'égraper, & on se donnera bien de garde de la fouler ou l'écraser en aucune maniere, quand bien même on mettroit dans la même cuve pendant 5 ou 6 jours & plus: on ne

―――――――――――

(*a*) Il est si vrai que la plus grande maturité des raisins est favorable à la perfection du vin, que les années où elle se rencontre, comme en 1761, sont celles qui donnent les meilleurs vins.

doit,

doit point craindre que le marc
s'échauffe & s'aigriffe faute de
moût pour tremper fuffifamment
Dans la premiere de mes trois petites expériences, mes raifins,
quoiqu'ils ne fuffent point écrafés
peut-être au quart, font demeurés
pendant 10 jours dans la bachou
fans être foulés, & cependant il
ne leur en eft arrivé aucun acci-
dent. A la vérité, il ne s'eft point
paffé de jour que je ne les aye arro-
fés; mais la nouvelle vendange
dont on rafraîchira journellement
la cuve, (car je fuppofe, comme
cela doit être, qu'on y mettra fans
interruption,) doit tenir lieu & au-
delà de ces arrofemens; ainfi on
eft libre de s'en difpenfer; toutefois on peut fe tranquillifer en ti-
rant par la canelle, quand on le
jugera à propos, plufieurs feaux
de vin qu'on jettera deffus le marc.

Au refte, moins on mettra de

E

tems à compofer une cuvée, &
mieux vaudra : fi elle étoit faite
en 2 jours, ou plutôt encore en un,
le vin feroit beaucoup plus parfait
qu'il ne peut l'être en la faifant,
comme il n'arrive que trop fouvent, en 4 & 5 jours, & quelquefois en 6. Il eft certain qu'une fi
grande longueur ne peut qu'être
préjudiciable. On peut en voir les
raifons au Chapitre II. pag. 13. Il
réfulte de ces raifons que jufqu'au
parfait foulage ou au preffurage,
il eft très-important de n'écrafer
de raifins que le moins qu'il eft
poffible.

3°. Lorfque la cuvée fera achevée, on tirera le moût, & on portera la vendange au preffoir le plutôt qu'il fera poffible; toutefois
une heure avant, & pas plutôt, on
fera, non pas entrer dans la cuve,
car rarement feroit-elle dans ce
moment affez chaude pour cela,

mais fouler & écrafer toute la vendange avec des pilettes (*a*), & on la
preſſera fortement dans les mains;
on employera à tous ces procédés
3 ou 4 hommes de ceux que l'on
aura retenus pour le preſſurage.
L'objet de ce foulage & de cette
preſſion eſt de détacher de l'écorce
des raiſins les particules colorantes pour en former la couleur du
vin. A l'aide de cette opération
bien exécutée & du preſſurage,
on peut être aſſuré, à moins que
le blanc ne domine abſolument
trop, d'avoir un vin, ſinon noir, du
moins *ſuffiſamment coloré & d'un
rouge* qui, vû la grande fermentation, ſe ſoutiendra vraiſemblable-
ment mieux que dans l'uſage ordinaire. J'ai éprouvé cette année

(*a*) Ces pilettes, dont le manche portera
5 pieds de long, feront faites d'un bloc de bois
de forme cylindrique ou quarrée, de 6 pouces
d'épaiſſeur, ſur un pied ou environ de longueur.

dans toutes mes expériences que la pression seule, quand elle est bien faite, donne au moût, avant même la fermentation, une très-belle couleur de vin.

Quoi qu'il en soit, immédiatement après cette opération & le tirage, on portera, sans différer, le marc au pressoir pour y être écrasé.

4°. A mesure que le moût exprimé des raisins, sera apporté du pressoir, on le mettra, ainsi que celui qu'on aura tiré, dans une cuve qui, outre les cerceaux ordinaires de bois, sera revêtue & assurée par trois bons cercles de fer, dont un à chacune des deux extrémités, & le troisiéme au milieu : en en mettant quatre, on pourroit se passer entierement de cerceaux de bois. Et, comme pendant cette opération, qui ne peut jamais être faite trop diligem-

ment , le moût ne pourroit que
fouffrir d'être expofé à l'air , on
aura foin , avant de la commencer , de couvrir la cuve , comme
dans l'autre Méthode , avec un
fond de bois , & on entonnera le
vin par l'ouverture pratiquée au
milieu de ce fond. Ce fond fera
volant ou à demeure.

Dans le premier cas , il fera
pofé , comme je l'ai dit dans l'autre Chapitre , fur des taffeaux
bien folides & arrêtés à la de
forts crochets placés fur les
rebords de la cuve, dans l'épaiffeur
des douves. On pourra l'affurer
en outre de telle autre maniere
que l'on jugera à propos, & on le
percera au milieu , feulement de
la largeur néceffaire pour y introduire l'entonnoir ; c'eft à-dire ,
d'environ deux pouces de diamé-
tre.

Dans le fecond cas , on pourra

pareillement poser ce fond sur des tasseaux , sur lesquels on le fixera à clouds ; mais alors l'ouverture du milieu sera de deux pieds quarrés , pour pouvoir descendre dans la cuve', quand il en sera nécessaire. Ces ouvertures , quand le vin sera entonné , seront bien bouchées ; la derniere , avec la porte de la trape , qui sera ferrée à deux couplets & fermée à deux ou trois verroux ; & l'autre , avec un bondon qu'on fera entrer de force.

On aura d'ailleurs , pendant le tems que le vin se fera , toute l'attention que la prudence doit suggérer en pareil cas ; mais surtout on se donnera bien de garde, par toutes sortes de raisons, d'ouvrir la cuve tant que l'ébullition & la fermentation dureront.

En prenant ces précautions & toutes les sûretés que je viens d'indiquer, je ne vois pas qu'on puiffe avoir rien à redouter des efforts du vin. Si des vaiffeaux bien moins folides que ceux que l'on emploie ici, le font cependant affez pour lui réfifter comme cela arrive dans la façon de quelques vins, à plus forte raifon les cuves le pourront-elles.

Néanmoins fi les précautions que je viens d'indiquer ne paroif-fent pas encore fuffifantes pour mettre le vin en fureté, on pour-ra le verfer dans un fac fait d'une toile forte & ferrée, placé exprès dans une cuve dont il aura toute la capacité, à l'exception toute-fois d'un pouce qu'on obfervera de lui laiffer *de moins* fur la largeur; enforte que dans tout le pourtour depuis un fond jufqu'à l'autre, il s'en faille de ce pouce qu'il ne touche aux parois de la cuve.

Le but & l'effet de cet interval-

le est d'empêcher la liqueur de se
porter & d'agir immédiatement
contre les douves. Il est vrai que ,
quelque bien frappée que soit la
toile , il y a lieu de croire que le
vin se filtrera à travers, sinon dans
les premiers accès & pendant la
fougue de la fermentation , du
moins lorsque cette fermentation
sera affoiblie : mais il n'en est pas
moins vrai que si (ce qui paroît
assez probable,) la toile peut résis-
ter sans se laisser entamer, ce sera
elle seule qui recevra les efforts
du liquide, qui , au moyen de
cette interposition & même du vin
qui remplira l'entre-deux, ne pourra choquer directement & avec
force contre le bois. Son action sera sûrement moins forte
contre la cuve que dans l'usage ordinaire : aussi , la résistance du sac
une fois certaine , pourra-t-on se
dispenser des cercles de fer.

La toile fera lavée plufieurs fois avant d'être employée, & les pieces en feront affemblées le plus folidement qu'il fera poffible : il fera bon auffi, pour fixer le fac & le tenir également éloigné des parois de la cuve, de la garnir en dedans de plufieurs tringles de bois d'un pouce d'épaiffeur, placées à diftance égale l'une de l'autre.

A l'égard de la longueur du fac, de la maniere d'en prendre les dimenfions, de l'ouvrir pour recevoir le moût & de le fermer après, fur ces objets & tous ceux qui concernent l'ufage du fac, je m'en rapporte à l'intelligence des perfonnes qui les premieres en feront l'épreuve.

Au furplus, pour que le moût s'étende affez pour que la fubftance qu'il contient puiffe fe développer, on aura foin de laiffer entre lui & le deffus de bois, ou le

fond supérieur du sac, un vuide
de 8 ou 9 pouces & quelquefois
plus, suivant que les cuvées feront plus ou moins fortes, & que
les années & les vignobles feront
plus ou moins froids.

5°. Dès que le vin sera fait &
froid, on l'entonnera dans les vais-
seaux destinés à le recevoir. Ce
vin sera fait en très-peu de tems.
Le mien qui, à quelques égards, a
été façonné selon la premiere méthode, parce que je n'avois point
encore imaginé la seconde, a été
fait en quatre jours, y compris
les deux qu'ont duré mes vendanges : ainsi dans ce second plan où
la fermentation est plus prompte,
il y a lieu de croire que, suivant les
années & les lieux, le vin sera
en état d'être tiré & la cuve libre
dès le deux ou troisiéme jour ; ce
qui est un avantage, puisque
moins de tems les vins occuperont

les cuves où ils feront façonnés,&
moins il fera néceffaire de multiplier ces dernieres. En général,une
cuve de furcroît fera fuffifante,
affez rarement en faudra-t-il deux,
& plus rarement trois ou quatre :
à bien compter,on peut même dire
que l'augmentation n'ira jamais
jufques-là, quelque nombreufes
que foient les cuvées. Il eft vrai
que cette augmentation plus ou
moins confidérable, eft toujours
une dépenfe ; mais outre que plus
communément avec le fer & le
couvercle une cuve ne coûtera pas
plus de 130 à 140 liv. & quelquefois au-deffous, c'eft qu'à raifon
de la longue durée & de la grande
quantité de vin qui fe façonnera
dans une pareille cuve, cette dépenfe répartie fur chaque piece de
vin, ne feroit peut-être pas un objet de plus de deux ou trois fols
par muid, & doit être abfolument

comptée pour rien, sur-tout par
comparaison à l'augmentation du
prix du vin. On ne doit donc y
avoir aucun égard ; une considé-
ration qui en mérite beaucoup
plus, c'est que dans cette seconde
méthode, les opérations des vendanges & de la façon du vin sont
tellement resserrées & se suivent de
si près, qu'il faudroit les faire dans
environ un tiers moins de tems
qu'on n'y en employe ordinaire-
ment : ce qui, dans les gros Vignobles & dans les années abon-
dantes, surchargeroit & augmen-
teroit le travail au point que peut-
être n'y pourroit-on pas suffire ;
mais cette difficulté qui limite né-
cessairement l'usage de la méthode
dont il s'agit ici, ne la rend pas
pour cela impraticable, & n'em-
pêchera pas que beaucoup de personnes, sur-tout des plus aisées &
des plus instruites, ne l'adoptent

de préférence; du moins ai-je, ce
femble, de bonnes raifons pour le
croire.

En effet, fi, comme je l'ai démontré, ce qui favorife le plus
la fermentation & la confervation
des parties fpiritueufes & de l'air
interne furabondant, eft auffi ce
qui eft le plus favorable à la qualité du vin, il faut avouer que la
pratique que je propofe ne laiffant rien à defirer de ce côté, elle
eft évidemment préférable à toutes les autres, *& même à la premiere, dont le mérite confifte dans
l'excellence de la fermentation, qui
eft pourtant encore moins parfaite
que dans la feconde*, où, au moyen
du preffurage, toutes les fubftances qui doivent compofer le vin
fermentent en même tems; ce qui
ne peut arriver dans l'autre, le foulage laiffant néceffairement beaucoup de grains entiers dont le fuc

n'a point subi de fermentation.

Quoi qu'il en soit, dans ces deux méthodes, il y a lieu de croire que les vins acquerront toute la perfection à laquelle la Nature aidée de l'Art puisse jamais arriver. Tous les principes, ce qui est l'essentiel, feront développés, sinon toujours parfaitement, du moins dans tous les cas, autant qu'ils peuvent l'être ; c'est-à-dire, beaucoup plus qu'ils ne l'ont été jusqu'à présent. Toutes les substances plus divisées feront portées au plus haut point d'atténuation, l'huile plus raréfiée, mieux combinée avec les acides, plus miscible avec l'eau, enfin plus dégagée & moins surchargée des parties terrestres auxquelles elle étoit unie, d'un côté fera bien moins sujette à surnager & à se séparer de son menstrue ou liquide, comme cela arrive dans tous les vins gras ; & de l'autre, étant plus diſſoute, moins viſqueuſe, en un mot, plus pure, elle ne ſe précipitera plus, comme cela ſe voit ſouvent dès la premiere dépuration, avec les autres ſubſtances groſſieres pour former le tartre & la lie,

Que l'huile ſoit développée & d'autant plus parfaitement atténuée, que la fermentation a été plus grande ; c'eſt ce que je regarde comme un point avoué, trop bien appuyé d'ailleurs par l'expérience pour pouvoir être conteſté.

Que faute de ſuffiſante fermentation, & principalement dans les années tardives & peu favorables, il paſſe une partie conſidérable du principe huileux, & même des ſels eſſentiels, dans la lie & le tartre ; c'eſt encore une vérité trop bien établie par l'expérience pour qu'on puiſſe en douter. Il en eſt de la fermentation à cet égard comme de la maturité ; moins l'une & l'autre

sont parfaites, & plus les vins per-
dent de leur huile dans la dépuration : de-là vient , comme M.
Hales l'a remarqué à l'occasion de
la maturité & de l'union des principes (*a*), queles vins du Rhin qui
viennent dans un climat septen-
trional où la fermentation , ainsi
que la maturité , n'est pas à beaucoup près suffisante , contiennent
dans leur tartre plus d'air & de
soufre que les vins des contrées
chaudes & méridionales, auxquels
ces principes sont plus fortement
attachés.

Mais la substance huileuse n'est
pas la seule dont l'insuffisance de
la fermentation dépouille en partie le vin ; il en est de même de
toutes les autres. Cela peut se remarquer sur-tout dans les années
froides & contraires à la maturité.

_____

(*a*) Stat. des Végét. pag. 273.

Dans

Dans ces années où la fermentation eft toujours très-médiocre, &
où cependant il feroit fort important qu'elle ne le fût pas , les vins
donnent beaucoup plus de lie que
dans les autres années. Cette lie
communément eft blanche, ou peu
colorée ; elle eft compofée prefque entierement de filets blancs
qui ne font autre chofe que les
fibres du raifin , c'eft-à-dire, les
vaiffeaux contenus dans le fruit
même , & qui fervent à la filtra-
tion & fécrétion des fucs dont
il eft formé : ce font ces filets
que les vins blancs ou autres renfermés dans des tonneaux , jet-
tent dehors lorfqu'ils fermentent.
Ces filets s'épaiffiffent autour de
l'embouchure de ces tonneaux,
& forment un corps pâteux &
doux au toucher : d'où on peut
conclure que s'ils étoient affez
atténués pour pouvoir adhérer

F

& fe combiner avec les autres fubftances, les vins en feroient plus
moëlleux & plus veloutés.

En effet, les années comme
1762 & autres femblables, où les
vins font le moins de lie, & par
conféquent confervent davantage
de ces filets, font celles où les
vins poffedent le plus de ces deux
qualités. Il arrive la même chofe, je
le fçais pour en avoir fait toujours
la remarque, dans les années communes, à l'égard des vins qui ont
beaucoup fermenté. Ces vins, par
la même raifon, font beaucoup plus
gracieux qu'ils ne l'auroient été
fans cela.

Au contraire, dans ces mêmes
années, & à plus forte raifon dans
celles qui, comme en 1763, font les
plus défavorables à la maturité,
les vins qui péchent par défaut de
fermentation, rendent une grande quantité de lie, & font fans
corps, maigres & verds. C'eft

ce que j'ai éprouvé du plus au
moins en 1761, 1763, 1764 &
1765 ; au lieu qu'en 1766, où la
fermentation, fans avoir encore été
parfaite, l'a été cependant bien
plus que dans aucune de ces années, mon vin a toutes les qualités contraires, & les auroit fûrement à un bien plus haut degré,
s'il eût été fait exactement fuivant
la première ou la feconde de mes
deux méthodes (*a*).

Ainfi, en réfumant tout ce que
je viens de dire & de prouver fur
les grands effets de la plus forte
fermentation, il en réfulte que dans
l'une ou l'autre méthode, quoiqu'avec quelque différence, tous
nos vins feront, finon parfaits,
du moins, moins imparfaits, & de

(*a*) Voyez à la page 15, comme il a été fait ;
& à la page 40, dans quelle circonftance
il a été tiré.

beaucoup supérieurs à ce qu'ils
font, ils feront en général plus fins,
plus légers, plus délicats & plus
coulans, puifque toutes les parties
qui les composeront feront
plus atténuées, & qu'ils auront une
plus grande quantité d'air : ils feront plus chauds, puifqu'ils auront
plus de phlogiftique : ils feront,
par les raifons que je viens de pré-
fenter, plus fubftancieux, plus
corfés, plus moëlleux, plus bal-
famiques & moins verds : ils feront
auffi, par les mêmes raifons, plus
fpiritueux, plus odorants, & cependant moins fumeux & moins ca-
piteux, parce que leurs efprits, quoiqu'en plus grande quantité, feront
tempérés par la partie micilagineu-
fe bien plus abondante que dans les
vins ordinaires. Ils feront plus pi-
quants & plus forts à raifon de l'air
furabondant & de fels ; plus fer-
mes, fe conferveront plus long-

tems , & feront moins fujets à fe corrompre , *puifqu'ils auront plus de fubftances , & que leurs principes feront plus étroitement unis. Tout le monde fçait par-tout que les vins qui ont le plus fermenté , font auffi ceux qui fe gardent le mieux.* C'eft un fait qui feroit attefté par autant de perfonnes qu'il y en a qui ont fait ou vu faire du vin. Ils donneront plus d'eau-de-vie, puifqu'ils auront plus d'efprits , d'huile & de fels effentiels. En un mot , & pour tout dire, ils feront agréables & bienfaifans : qualités précieufes qui manquent prefque toujours à la plus grande partie de nos vins.

En vain m'oppoferoit-on que les variétés qui fe trouvent à l'infini entre les différens Vignobles exigent des pratiques différentes dans la manière de faire leurs vins : car d'un côté , les principes que j'ai établis fur la fermentation font généraux , & conviennent à tous les Vignobles ; & de l'autre cette objection feroit contredite & démentie par le fait même , puifque, ainfi que je l'ai démontré dans le deuxième Chapitre , il eft certain que tous les Vignobles, dans quelques pays qu'ils foient fitués , façonnent , à quelques circonftances près , leurs vins de la même manière.

Auffi inutilement m'objecteroit-on que dans ma derniere méthode , les vins ne feroient point affez colorés ; car 1°. comme je l'ai déja obfervé , au moyen du preffurage & de la forte preffion dont il fera précédé , on peut donner au vin, non pas une forte teinture , mais une belle couleur. 2°. Cette couleur foncée , fi indifcrettement recherchée par tant de gens, ne donne aucune qualité à la liqueur. Le vin, pour en être chargé , n'en

eſt pas moins verd, & en eſt ſouvent plus dur. A la vérité, ce rouge peut plaire à la vûe ; mais il
eſt inſipide au goût, & par ſa groſ-
ſiereté rend le vin de difficile di-
geſtion. Ainſi, lorſqu'il domine, on
peut dire que le vin n'eſt ni flat-
teur ni ſalutaire. 3°. Pour donner
cette couleur, au moins indiffé-
rente pour la qualité quand elle
n'eſt pas contraire, faudra-t-il
abandonner nos vins à tous leurs
défauts qui les dépriment, & les pri-
ver par-là de toutes les qualités
qu'ils peuvent acquérir par la pratique qui leur ſeroit d'ailleurs la
plus favorable ? Non ſans doute.

Concluons donc que ces deux
objections ne peuvent porter at-
teinte ni reſtriction aux deux méthodes que je préſente. Ces deux
méthodes conviennent non ſeulement aux vins à l'égard deſquels je
les ai propoſées, mais encore, dans

certains cas, & sur-tout lorsque
les années font humides ou peu favorables à la maturité, elles sont ap-
pliquables à tous les vins, soit ceux
des crûs les plus renommés, soit
ceux des Provinces les plus méridionales. A la faveur de ces méthodes, les vins de France, qui,
à raison du climat, sont déja, malgré leurs défauts, les plus socia-
bles de l'Europe & les plus faits
pour l'usage habituel, posséderont
ces qualités dans un degré encore
plus éminent, & se ressembleront
tous sans exception, quoiqu'à différens degrés, dans le point le plus
essentiel ; c'est-à-dire, la salubrité.
Ils seront par-là incomparablement
plus utiles à la Nation, & à l'Étranger, qui surement les recherchera
d'autánt plus, qu'il les trouvera
plus agréables & plus bienfaisants.
Ainsi, perfectionner nos vins, c'est,
d'une part, travailler à la conservation

tion des Citoyens ; & de l'autre ,
accroître leurs richeffes, & celles
de l'Etat, dont le commerce extérieur des vins fera toujours la
principale fource , la plus importante & la plus inépuifable.

Au refte les vins rouges ne font
pas les feuls qui puiffent être perfectionnés. On conçoit qu'en fe
conformant à ma méthode , les
vins blancs, gris, paillcts, tous les
vins en général étant renfermés
dans des cuves où ils ne perdront
rien de leurs fubftances, de leurs
parties volatiles , de leur air furabondant, où la fermentation fera
parfaite, on conçoit , dis-je , qu'en
pareil cas, tous les vins doivent
être moins maigres , plus nourris,
plus forts , plus chauds , plus fpiritueux , & cependant moins capi-
teux , plus légers & plus coulans.

Mais fi ma feconde méthode eft
fi favorable à la perfection de tous

G

les vins, elle ne l'eft pas moins à la
perfection du cidre: le fuc de la pomme eft compofé des mêmes principes
que celui des raifins. Toute la différence eft dans la proportion de ces
principes, & dans la manière dont
ils font combinés; mais cette différence n'empêche pas que dans l'un
comme dans l'autre, les mêmes
procédés ne foient fuivis des mêmes
effets. Ainfi ce qui dans l'un divife,
atténue, exalte & perfectionne les
fubftances, les retient, & conferve les efprits & l'air furabondant;
ce qui rend l'un plus fin, plus
coulant, moins froid, plus cor-
fé, plus fort, plus piquant, &
cependant plus doux, plus moëlleux, plus fuave; enfin ce qu'u-
ne opération, ce qu'une pratique
produit fur l'un, elle doit également le produire fur l'autre.
Cela pofé, la difficulté fe réduit à
fçavoir s'il eft avantageux ou non

pour le cidre, qu'il foit compofé de parties moins groffières &
plus déliées; qu'au moyen de la
parfaite atténuation, il perde moins
ou conferve plus de fa fubftance,
de fes parties effentielles; enunmot,
qu'il poffède toutes les qualités dont
je viens de faire l'énumération.
Or, c'eft ce qui ne peut faire une
queftion; par conféquent ma feconde méthode lui procurant tous
ces avantages, on ne peut mieux
faire en Normandie & ailleurs, que
de l'adopter, & de renfermer dans
des cuves bien enfoncées des deux
bouts, le fuc de la pomme auffitôt
qu'il aura été exprimé ; en obfervant toutefois de laiffer entre la
liqueur & le fond, trois pouces de
diftance de plus que je n'ai indiqué
pour le vin, l'ébullition devant, par
plufieurs raifons qu'il eft inutile de
rapporter ici , être plus forte que
n'eft celle de la plus grande partie
de nos vins.   G ij

Au surplus, je propose les cuves comme plus sûres, plus éco-
nomiques, & plus favorables à la
fermentation par la grande quantité de sucs qu'elles peuvent contenir : néanmoins on pourra, si l'on
veut, se contenter des tonnes dans
lesquelles on a coutume de renfermer le cidre; mais on aura l'attention de les garnir, ainsi que les cuves, de plusieurs bons cercles de fer,
de bien barrer les fonds & de laiffer un vuide proportionné à la capacité du vaisseau qu'on aura soin
d'ailleurs de bien boucher.

Moyennant ces précautions, on
n'aura probablement rien à craindre (*a*), & on peut être assuré, à la
faveur de ma Méthode, d'obtenir
un cidre plus parfait qu'il ne l'a été
jusqu'à présent : ce qui seroit d'au-

_____

(*a*) Il sera toujours prudent dans ce dernier
cas de commencer par faire l'essai sur un très-
petit nombre de pièces.

tant plus à fouhaiter , que cette
liqueur , déja peu affortie à la
température du climat & au befoin
des Provinces où elle eft la feule
boiffon habituelle , eft en outre
très - défectueufe par la maniere
dont elle eft faite. Le bon cidre
eft auffi rare en Normandie , que
le bon vin dans le plus grand
nombre des Vignobles. C'eft que
par-tout , au détriment de l'Humanité , on s'attache à la quantité,
& que nulle part on ne préfere la
qualité. Que dis-je ? on la facrifie,
on la néglige entierement. De-là
vient que le vin , par exemple , fi
propre, s'il étoit mieux développé,
à corriger les vices & la maligni-
té des alimens défectueux ou mal
fains , dont il paroît deftiné par
la Nature à être le contre-poifon
habituel & familier , devient fouvent le premier principe de notre
deftruction , lui qui nous a été

donné pour notre soutien & notre conservation. A la vérité le mal qu'il fait, ainsi que beaucoup de ceux qui affligent l'Humanité, n'est pas d'abord sensible ; cependant pour être lent & caché, il n'en est pas moins réel, ni moins meurtrier ; mais fût-il vrai qu'il ne nous fît aucun par lui-même, c'en est toujours un bien grand qu'il nous soit inutile, & qu'il nous refuse les secours qu'il nous doit. Prévenons donc au moins ce mal; & désormais plus clair-voyans ou moins inconséquens, attachons-nous à perfectionner, autant qu'il est en notre pouvoir, le vin & tous les alimens qui servent à notre nourriture, sur-tout la plus commune & la plus ordinaire. C'est dans ce dessein que j'ai présenté mes vues sur le vin & le cidre, & c'est dans le même esprit qu'en les étendant encore plus loin, je vais ,

toujours à la faveur de ma derniere Méthode, propofer, non d'ar-
racher entierement le pommier
pour planter la vigne fur fes débris,
mais d'effayer de cette derniere
dans les contrées où jufqu'à préfent le premier a feul été admis.

Il eft vrai que par les moyens
que je viens d'en donner, le cidre
étant déformais moins vifqueux,
plus coulant, plus chaud, ou du
moins moins froid, puifque d'un
côté fon huile fera plus développée, & de l'autre qu'il en con-
tiendra davantage, il femble que
dans les lieux où cette boiffon
eft la feule naturelle, il feroit
plus fûr de s'y tenir que d'y introduire la vigne, qu'on peut regarder
comme une plante exotique ou
étrangere pour ces mêmes lieux :
cependant comme il eft de la prudence de ne point négliger ce qui
peut être le plus utile, & que le

vin eſt la liqueur la plus analogue
& qui convient le mieux au tem-
pérament des habitans où la
Nature le refuſe , il n'eſt rien
qu'ils ne doivent riſquer pour ſe
la procurer. Je n'ignore pas les
difficultés de l'entrepriſe , & que
dans quelques Pays , comme en
Normandie , elle a été tentée pluſieurs fois , & toujours ſans ſuccès ; mais au lieu de chercher inutilement à forcer la Nature , il
falloit s'appliquer à la développer & à en tirer au moins tout le
peu qu'elle pouvoit donner. Voilà
ce qu'on devoit faire , ce qu'on
n'a pas fait , & ce qu'on doit
eſſayer, ainſi que je l'ai fait moi-même dans trois petites expériences
dont réſulte, ſinon un ſuccès certain, du moins une indication favorable. Je vais en donner le précis.

Le 2 Septembre 1766 , je fis
cueillir cinq paniers de raiſins
de vigne noire : les plus mûrs ,

rouges & noirs en partie , étoient
encore fi verds, qu'on ne peut pas
dire qu'ils fuffent mangeables ; le
refte , & c'étoit de beaucoup le
plus grand nombre, étoit abfolument en verjus : dans les grapes
les plus mûres , il y en avoit un
quart ou un cinquiéme: je les avois
fait choifir exprès de cette qualité.
Ces raifins furent mis le même
jour dans une bachou, qui eft une
efpece de barillet ; où ils furent
écrafés environ au quart. Le moût
en étoit fûr & nullement doux.
Je les couvris avec un petit fond
de bois , qui , faute de fuffifante
largeur , ne joignoit qu'imparfai-
tement avec la bachou. Ils refte-
rent en cet état jufqu'au 11. du
même mois, que je les foulai bien,
mais affez inutilement ; car quoique l'ébullition , par proportion
à la petite quantité , ait été affez
confidérable , mon vin ne s'en eft

pas plus échauffé qu'auparavant, c'est-à-dire aucunement ; en sorte que le 12 au soir je le tirai passablement rouge, mais verd au possible ; c'étoit du verjus, & cela n'est pas étonnant, puisqu'il n'a pû se développer, ayant toujours été très - froid. Malgré cela, tout le temps qu'il a cuvé, il n'a pas laissé que d'exhaler beaucoup d'esprits. Je supprime le détail de quelques petites opérations que j'ai faites, parce qu'il n'en résulte rien d'intéressant par rapport à l'objet présent : ainsi je vais passer tout de suite à ma seconde expérience.

Le 13 Septembre, je pris pareillement cinq paniers de raisins de vigne noire, ainsi que dans la premiere expérience ; mais ces raisins, quoiqu'aussi & peut-être encore plus verds à l'œil, l'étoient pourtant moins intérieurement, à raison de ce qu'il y avoit peu de

grapes où il n'y eût quelques
grains de noir, & que le noir dans
cette expérience étoit doux, au
lieu que dans l'autre il ne l'étoit
point : auffi ces raifins, qu'à la
différence de la premiere expérience, j'ai foulés en même tems
& en les mettant dans la bachou,
m'ont-ils rendu un moût qui, à
la vérité , n'étoit pas fucré ni
vifqueux , mais qui étoit doux.
Ils ont été couverts avec le deffus
de bois dont j'ai déja parlé : au
bout de huit heures, le vin qui
bouilloit beaucoup , s'étoit élevé
de fix pouces environ : il touchoit
au couvercle, & le clair étoit au-
deffus du marc ; mais après trente-
cinq heures de cuve, il étoit
encore froid , quoique je l'euffe
réchauffé à deux reprifes. **Au**
bout de quarante , il étoit un peu
tiéde & verd. A la 42e. il étoit
plus chaud : à la 47e. l'ébulli-

tion , malgré tous mes fecours ,
étoit diminuée ; mais la chaleur
plus grande. A la 57ᵉ. la chaleur
encore plus forte, & le vin très-
trouble. A la 65e. le vin étoit
froïd , moins verd qu'auparavant,
& cependant l'étoit encore beaucoup : mais c'eſt du vin, & un vin
qui n'a point de déboire ; c'eſt un
vin qui, quoiqu'aſſûrément très-im-
parfait, eſt pourtant encore moins
verd , eſt au moins égal pour la
qualité & bien ſupérieur pour la
couleur à celui de pluſieurs de
nos Vignobles dans les années peu
favorables.

Du reſte ce vin a jetté peu de
fumet pendant la fermentation, mé-
diocre à la vérité, & n'en a point
jetté du tout tant que le clair a été
au-deſſus du marc. Voici la 3ᵉ.
Expérience.

Le 17 Septembre je fis cueillir
dans une de mes vignes la même

quantité de raifins que ci-devant
& de la même efpece ; & comme
je n'y voulois point de choix, j'eus
foin que l'on dépouillât indiftincte-
ment tous les ceps de fuite, fans
interruption, fans y rien laiffer &
fans faire aucun rebut ; en forte
que ma vendange fut compofée de
raifins mûrs, de raifins qui l'étoient
à moitié, & enfin de verjus & de
verdillons. Ces derniers formoient
de beaucoup la partie la plus confidérable, & affurément on ne doit
point avoir de peine à le croire,
puifque nous n'avons ouvert nos
vendanges que le 3 d'Octobre, &
que le canton où j'ai pris ces raifins eft toujours un de ceux que
l'on réferve pour la fin.

Ces raifins après avoir été entierement écrafés, ainfi que dans la
feconde expérience, ont été couverts de la même maniere, fi ce
n'eft que, pour prévenir toute

communication avec l'air externe, & pour contenir encore mieux
la vendange & empêcher que le
clair ne furmonte le deffus de bois
ainfi qu'il avoit fait dans cette derniere, j'ai garni ce deffus d'une toile dont j'ai rabattu les bords en
dehors de la bachou, fur laquelle je l'ai fortement attachée. Je
dois obferver qu'avant de couvrir
ma vendange, j'ai verfé dans ma
bachou la valeur d'un demi-pa-
nier de raifins tout bouillant : j'a-
jouterai auffi qu'immédiatement
après le foulage, le moût étoit un
peu plus doux que dans la derniere expérience, & déja très-rouge,
ainfi que dans les précédentes, où il
l'étoit pourtant moins.

Au bout de 8 heures le clair qui,
par l'ébullition & la réfiftance du
fond de deffus, furmontoit le marc,
touchoit à ce fond, du moins autant que j'ai pu en juger ; car dans

cette expérience, à la différence
des autres, je n'ai découvert la
vendange que lorfque le vin a été
fait. La bachou étoit déja un peu
moins froide. Au bout de 18 heures l'agitation paroiffoit plus vi-
ve que dans l'autre expérience,
mais le bruit étoit plus fourd &
plus étouffé, le couvercle & la
bachou tiédes. A la 23e. heure, le
couvercle & la bachou bien chauds.
A la 37e. c'étoit à peu près la
même chaleur. A la 42e. le vin très-
chaud & d'un bon goût, marquant
du feu, mais encore un peu doux,
la chaleur encore plus forte qu'elle ne l'avoit été. A la 48e. le vin
& la chaleur toujours de même, la
fermentation & l'agitation fe font
toujours foutenues avec la même
force. A la 51e. le vin cneore un
peu trouble, & cependant plus rouge qu'auparavant, mais un peu dur
à caufe de la grape, qui, fans

doute, lui auroit communiqué
plus d'âcreté, fi la fermentation,
néceffairement proportionnée à la
quantité, avoit été plus forte. Il
n'a point du tout exhalé d'efprits.
A la 54e heure le clair fous le marc,
l'un & l'autre froids ; le vin d'un
rouge qu'on peut appeller foncé.
Il eft en tout fupérieur à celui de
la feconde expérience.

On ne peut point encore le regarder comme un grand vin ; mais
à tous égards il eft préférable aux
vins que nous avons recueillis
en 1763 ; fur-tout il eft bien moins
verd, & cependant c'eft un fait
que les raifins dont il a été compofé l'étoient beaucoup plus que la
vendange de cette même année :
que feroit-il donc s'il eût été façonné felon ma derniere méthode ; fi
la quantité, comme cela fe voit
fouvent, avoit été de 100 & 200
fois plus forte, & que la fermentation

tation eût été auffi complette qu'elle peut l'être avec cette quantité ?
Je ne dirai point qu'il feroit pota-
ble, puifqu'affurément il l'eft déja
plus que ne le font les vins de la
plus grande partie des Vignobles
dans les moindres années, & autant que le font ceux de certains
cantons dans les années communes. Tout ce que je peux dire,
c'eft qu'il eft certain qu'il feroit
encore bien fupérieur à ce qu'il
eft, & qu'il prouve que *la fermen-*
tation, en développant les principes
du vin, fupplée, jufqu'à un certain
point, à fa maturité, & qu'avec
des raifins prefque tous verds, on
peut faire des vins qui ne le foient
pas. Pourvu que les raifins foient,
je ne dis pas noirs, mais feulement
un peu rouges, je regarde comme
chofe fûre qu'en tous pays on peut,
à la faveur de ma derniere méthode, parvenir à faire un vin pota-

H

ble & dont l'usage n'aura rien de mal-sain. Ce seroit beaucoup sans doute pour les lieux privés de cette précieuse production : on ne pourroit donc mieux faire , en Normandie, par exemple, que de tout tenter pour se la procurer.

Il est vrai qu'en supposant le succès de ces tentatives , & la plantation de la vigne aussi étendue qu'elle peut l'être, la Province, loin d'avoir assez de vins pour en commercer au-dehors & en convertir en eaux-de-vie , auroit peine à les multiplier assez pour sa propre consommation en nature ; mais ce seroit toujours (ce semble) un grand avantage pour elle que de pouvoir en faire sa boisson, au moins dans le tems où l'usage peut en être le plus nécessaire. Cette boisson, sans doute, ne sera pas délicieuse, & nos vins choisis n'en feront pas moins recherchés par les person-

nes riches & en état de les payer ;
mais la Province fera à cet égard
dans le cas où fe trouve à préfent
le plus grand nombre de nos Vignobles, & par conféquent elle
n'aura rien à leur envier de ce
côté.

Au refte, quelqu'heureux effets
qu'on foit en droit de fe promet-
tre de la parfaite fermentation, &
de ma feconde méthode, on ne
doit pas négliger de prendre d'ailleurs fur la plantation & la culture de la vigne, les précautions &
les moyens qui peuvent, en fupp-
pléant ce qui manque au climat,
aider & concourir à la perfection
du vin.

Quant à la plantation de la vigne, voici les principales attentions qu'on doit y apporter.

1°. On évitera de planter dans
les fonds humides, foit par leur
nature, foit par leur fituation en

conféquence, on préférera ceux qui font fecs, ceux qui font en côte & en bonne expofition.

2°. On ne plantera que du cépage ou plant de vigne noire de la meilleure qualité, & de l'efpece qui murit le mieux dans les Vignobles les plus voifins du lieu où fe fera la plantation. La vigne blanche & les gros cépages feront entierement rejettés, comme ne pouvant donner qu'un raifin vappide & fans qualité; & par conféquent, un très-mauvais vin.

3°. Comme les vignes feront fumées, on placera les farmens à la diftance de deux pieds les uns des autres en tous fens; & on fe donnera bien de garde de les provigner par la fuite, c'eft-à-dire de les coucher en terre, foit pour les multiplier ou autrement. Cet ufage, qui, lors même qu'il eft abfolument indifpenfable, eft tou

jours pernicieux, l'eft particulierement ici, en ce qu'il dénature
effentiellement la vigne; le premier fujet, la mere-fouche étant,
à raifon du lieu de fon origine,
d'une meilleure qualité que les
rejettons, & les rejettons ne ti-
rant qu'une très-petite portion de
leurs fucs de la mere-fouche, c'eft
néceffité que le fruit & le vin
qu'ils donnent foient inférieurs à
ceux que donnoit cette derniere
avant l'opération. Il en eft ici de la
vigne comme des animaux qui
font tranfportés d'un climat qui
leur eft propre & naturel, dans
un climat qui leur eft étranger. Il
eft d'expérience que l'efpece s'en
abâtardit par la génération. On
ne doit donc jamais provigner
qu'avec beaucoup de réferve &
à fon corps défendant : d'ailleurs
la vigne, conduite de cette maniere & ayant un efpace raifon-

nable entre ses ceps, en durera
beaucoup plus long-temps.

A l'égard de la Culture ;

1°. On fixera la vigne en mettant des échalas à chaque cep, au-
quel ils seront arrêtés avec de la
paille ou autrement.

2°. On taillera la vigne plutôt
à la fin d'Octobre qu'en Novem-
bre, & jamais en Décembre ni
Janvier, & rarement dans les premiers jours de Février. Une attention qu'il faut avoir dans cette
opération, c'est de tailler sur les
sarmens les plus près de la sou-
che, ensorte que la tige n'exce-
de jamais un pied de haut. Les
raisins, j'en ai l'expérience, en
muriront mieux.

3°. Comme, à en juger par la
température & le peu de chaleur
des lieux où se feront ces nouvelles
plantations, les vins en général

ne doivent pas abonder, à beaucoup près, en phlogiftique ; dans
la vûë de leur en procurer, on
aura foin de bien engraiffer la
vigne, en obfervant de mettre
dans chaque efpece de terre,
l'efpece de fumier qui lui convient le mieux. Cette attention
eft de toute conféquence.

4°. On ne négligera rien pour
tenir la vigne toujours nette
d'herbes, & pour lui donner les
autres façons dans les temps les
plus propres : il vaut infiniment
mieux, il eft bien plus profitable
de faire moins de vignes, & de
les bien faire, c'eft-à-dire, de les
bien planter, de les bien fumer,
& de les bien cultiver, que d'en
étendre la plantation au préjudice de la bonne culture ; la
fertilité du terrein, & non la
quantité. C'eft un des grands principes de la Réduction Economi-

que (*a*), & la regle de toute bonne cultivation. La fertilité feule
enrichit.

───────────────────────

(*a*) Cet Ouvrage , dont le principe fon-
damental regarde en général toutes les entre-
prifes trop étendues , & fpécialement celles
qui appartiennent à l'économie rurale , eft fi
fimple , fi fûr , fi économique dans les moyens
qu'il donne pour relever & enrichir notre
Agriculture , & par conféquent l'Etat, que fi
ceux - là ne font pas fuivis, ou du moins
éprouvés , je ne crains point d'avancer qu'il
feroit déformais inutile d'en propofer aucun.
Plus en particulier on confiderera l'état où
fe trouvent les Beftiaux dans plufieurs Provinces , & plus on reconnoîtra combien il
feroit avantageux , combien il feroit néceffaire que chacun ne fe chargeât que de la quantité de Beftiaux qu'il peut entretenir en tout.
tems , & nourrir au fec, quand le verd manque ou eft mal-fain : dans ce dernier cas , à
défaut de fourrage fec ou de bon fourrage , on
pourroit avoir recours à l'ufage fréquent du
fel : il eft a croire qu'on préviendroit par-là
la corruption d'où s'enfuivent forcément
les mortalités fi communes & fi funeftes à tous
égards. Mais pour adminiftrer ce préferva-
tif dans la quantité fuffifante, ce n'eft point
affez que les Laboureurs foient aifés ; on conçoit qu'il leur faut encore d'autres fecours &
des facilités qui leur manquent.

J'aurois

J'aurois fans doute d'autres documens, & en très-grand nombre,
à ajouter à ceux que je viens de
tracer ; mais dans la néceffité où
je fuis de me borner, j'ai préféré
les plus effenticls, & ceux que probablement on fuppléroit le moins :
dans la fuite je pourrai y revenir
& m'étendre davantage fur cet
objet, je veux dire la Culture
de la vigne. A force d'obfervations, de recherches & d'expériences, j'ai acquis dans cette
branche fi importante de l'agriculture des connoiffances dont je
crois pouvoir affurer la certitude.
Il eft pourtant vrai qu'elles ne
s'accordent nullement avec les
exceptions, les diftinctions, les
limitations, en un mot, avec
toutes les futilités que le préju-
gé malheureufement trop répan-
du, a oppofé au premier Ouvrage que j'ai publié fur cette

I

matiere (*a*); mais ces connoissan-
ces que j'ai vérifiées dans différens
Vignobles très - éloignés les uns
des autres, n'en doivent pas pour
cela paroître ni moins sûres, ni
moins bien fondées. Quoi qu'il en
soit, ce que je viens de dire suf-
fit pour marquer, au moins d'une
maniere générale, la voie qu'il
faut tenir, & pour prouver que
l'on peut par cette voie aider à
la perfection du vin & assurer le
succès des tentatives que je propose à la faveur de ma seconde
Méthode.

Cette Méthode & la premiere
que j'ai présentée, sont si simples,
il en résulte de si grands avantages, &, ce qu'on ne doit peut-être

---

(*a*) Cet Ouvrage, vû avec approbation
par l'Académie Royale des Sciences, a pour
titre : *Nouvelle Méthode de cultiver la vigne*, &c.
& se vendoit chez Musier Fils, Libraire, à
Paris.

pas moins prifer, elles font d'un ufage fi facile & fi peu difpendieux, que j'ai tout lieu de croire, fur-tout pour peu qu'elles foient accréditées, que les perfonnes les plus éclairées, &, à leur exemple, le refte de la Nation, les adopteront & les préféreront à toutes les autres dans la préparation des boiffons naturelles qui par-là en deviendront en tous Pays beaucoup plus utiles à la confervation des hommes : ce qui eft le principal objet que je me fuis propofé dans cet Ouvrage.

F I N.

TABLE
DES
MATIERES.

Préface.

CHAPITRE I. *Défauts du commun de nos Vins.* Page 1

Nos vins, pour la plus grande partie, souvent verds, maigres & sans saveur. 2

Dans les années les plus favorables, ils sont trop couverts, trop gros & sujets à graisser, faute de suffisante fermentation. 3

CHAP. II. *Des diverses manieres de faire le vin rouge.* 5

Maniere de façonner le Vin aux environs de Paris & dans le plus grand nombre des Vignobles. 6

Deux inconvéniens principaux. 7

Usages du Berry & du Pays Laonnois. 10

Deux inconvéniens principaux. 12

Toutes les manieres de faire le Vin se ressemblent toutes en un vice capital, qui est de ne pas couvrir la vendange dans la cuve : elles doivent être regardées comme la cause principale & souvent la seule des défauts de nos vins. 16

CHAP. III. *Première Méthode de façonner le Vin rouge.* 18

La fermentation, dans le cas présent, est l'action par laquelle la Nature travaille à désunir les principes du moût pour les réunir ensuite dans une nouvelle proportion. 19

La perfection du Vin, ou sa plus grande qualité, dépend du haut degré de la fermentation & de la conservation des parties spiritueuses, & notamment de l'air interne surabondant. 21

Tout cela est prouvé par l'expérience générale & par mes expériences particulieres, rapportées dans le Chapitre. 22

Procédés de la premiere méthode. 24

On aura soin de bien fouler les raisins. 32

La perfection du foulage nécessaire à la perfection du Vin. 33

Après le foulage la cuve sera fermée avec un fond de bois. 35

Le vin dans la cuve se refroidit de lui-même : quand la Nature a fini son premier travail, elle fait une pause & ne

paſſe point ſans interruption de la premiere à la ſeconde fermentation. 40

Soins que demande le vin quand il eſt
fait. 42

Objection, & réponſe à cette objection. 44

CHAP. IV. *Autre Méthode pour faire le
vin rouge, & en outre le vin blanc & le
cidre ; avec des vues pour la plantation
de la Vigne dans les Provinces où elle
ne ſe cultive pas.* 47

Procédés de cette méthode avec les raiſons
de ces procédés. ibid.

Auſſitôt que la cuvée ſera achevée, on
foulera la vendange & on la portera au
preſſoir. 50

Tout le moût exprimé des raiſins par le
preſſurage & avant, ſera mis dans une
cuve bien enfoncée des deux bouts pour
y fermenter : pour plus de ſureté, on
pourra mettre ce moût dans un ſac de
toile, placé exprès dans la cuve. 52

Raiſons pour leſquelles les vins ſeront
plus parfaits dans cette méthode que
dans toute autre. 58

Les vins, dans leur dépuration, perdront
moins de leur ſubſtance, & par conſé-
quent ſeront plus ſubſtancieux, plus
corſés, &c. 68

Perfection des vins qui seront faits sui-
vant la premiere & la seconde métho-
de. 69

Réponse à quelques objections. 71

Ces deux méthodes applicables à la façon
des vins de nos Provinces les plus mé-
ridionales. 72

Nos vins se ressembleront tous dans le
point le plus essentiel, c'est-à-dire la
salubrité. idem

Tous les vins blancs ou autres pourront
être perfectionnés par ma seconde mé-
thode. 73

Cette méthode applicable à la façon du
cidre qui en sera beaucoup plus parfait.
74

Le vin contre-poison habituel & fami-
lier de tous les alimens mal-sains. 77

Qualités du cidre perfectionné par la se-
conde méthode. 79

A la faveur de cette seconde méthode, on
peut tenter la plantation de la vigne en
Normandie & dans nos autres Provin-
ces septentrionales. 80

Raison pour laquelle jusqu'à présent les
tentatives faites dans cette vue n'ont
point réussi. idem

Précis de trois petites expériences que j'ai

faites en 1766 *fur des raifins encore verds.* idem

Il en réfulte, fur-tout de la derniere, qu'avec des raifins prefque tous verds, on peut faire des vins qui ne le foient pas ou que bien peu. 89

Avantages de cette découverte pour la Normandie & autres Provinces femblables. 90

Documens fur la plantation & la culture de la vigne en Normandie & ailleurs. 94

Fin de la Table.

APPROBATION.

J'Ai lu, par ordre de Monfeigneur le Vice-Chancelier, un Manufcrit intitulé : *Effai fur l'Art de faire le Vin rouge, le Vin blanc & le Cidre, par M. Maupin.* Cet Effai renferme des vues & des expériences utiles. Il peut donc être imprimé. A Paris, ce 19 Février 1767.

GUETTARD.

PRIVILÉGE DU ROI.

LOUIS, PAR LA GRACE DE DIEU, ROI DE FRANCE ET DE NAVARRE: A nos amés & féaux Conseillers, les Gens tenant nos Cours de Parlement, Maîtres des Requêtes ordinaires de notre Hôtel, Grand-Conseil, Prevôt de Paris, Baillifs, Sénéchaux, leurs Lieutenans Civils & autres nos Justiciers qu'il appartiendra ; SALUT. Notre amé le Sieur MAUPIN Nous a fait exposer qu'il desireroit faire imprimer & donner au Public un Ouvrage de sa composition intitulé : *Essai sur l'Art de faire le vin rouge, le vin blanc & le cidre.* S'il nous plaisoit lui accorder nos Lettres de Permission pour ce nécessaires. *A CES CAUSES,* voulant favorablement traiter l'Exposant, Nous lui avons permis & permettons par ces Présentes, de faire imprimer ledit Ouvrage autant de fois que bon lui semblera, & de le faire vendre & débiter dans tout notre Royaume, pendant le temps de trois années consécutives, à compter du jour de la date des Présentes : *FAISONS* défenses à tous Imprimeurs, Libraires, & autres personnes, de quelque qualité & condition qu'elles soient, d'en introduire d'impression étrangère dans aucun lieu de notre obéissance. *A LA CHARGE* que ces Présentes seront enregistrées tout au long sur le Registre de la Communauté des Imprimeurs & Libraires de Paris, dans trois mois de la date d'icelles ; que l'impression dudit Ouvrage sera faite dans notre Royaume, & non ailleurs, en bon papier & beaux caractères ; que l'Impétrant se con-

formera en tout aux Réglemens de la Librairie,
& notamment à celui du 10 Avril 1725, à
peine de déchéance de la préfente Permiffion :
qu'avant de l'expofer en vente, le Manuscrit
qui aura fervi de copie à l'impreffion dudit
Ouvrage, fera remis dans le même état où
l'Approbation y aura été donnée ès mains de
notre cher & féal Chevalier, Chancelier de
France, le Sieur DE LA MOIGNON, & qu'il
en fera remis deux exemplaires dans notre
Bibliotheque publique, un dans celle de notre
Château du Louvre, un dans celle dudit Sieur
DE LA MOIGNON, & un dans celle de notre
très-cher & féal Chevalier, Vice-Chancelier
& Garde des Sceaux de France, le Sieur DE
MAUPEOU : le tout à peine de nullité des Préfentes : DU CONTENU defquelles VOUS
MANDONS & enjoignons de faire jouir ledit
Expofant & fes ayans-caufes, pleinement &
paifiblement, fans fouffrir qu'il leur foit fait
aucun trouble ou empêchement. VOULONS
qu'à la Copie des préfentes qui fera imprimée
tout au long au commencement ou à la fin
dudit Ouvrage, foi foit ajoutée comme à l'o-
riginal. COMMANDONS au premier notre
Huiffier ou Sergent fur ce requis de faire pour
l'exécution d'icelles tous actes requis & néceffaires, fans demander autre permiffion, &
nonobftant clameur de haro, charte Normande
& Lettres à ce contraires : Car tel eft notre
plaifir. Donné à Paris, le dix-huitieme jour du
mois de Mars, l'an mil fept cent foixante-fept,
& de notre regne le cinquante-deuxieme.

Par le Roi en fon Confeil. LE BEGUE.

Regiftré fur le Regiftre XVII. de la Chambre Royale & Syndicale des Libraires & Imprimeurs de Paris , N°. 1322. fol. 188. conformément au Réglement de 1723. qui fait défenfes , art. 41 , d toutes perfonnes , de quelque qualités & conditions qu'elles foient , autres que les Libraires & Imprimeurs, de vendre, débiter , faire afficher aucuns Livres pour les vendre en leurs noms , foit qu'ils s'en difent les auteurs ou autrement , à la charge de fournir à la fufdite Chambre neuf exemplaires préfcrits par l'Article 108 du même Réglement. A Paris , ce 8 Avril 1767.

Signé , GANEAU , Syndic.

De l'Imprimerie de VALLEYRE l'ainé.

www.ingramcontent.com/pod-product-compliance
Lightning Source LLC
Chambersburg PA
CBHW052127090426
42741CB00009B/1977